儿童Office+Photoshop第一课

— ㅁ X

Photoshop篇

王晓芬 李矛 高博 编著　　　　　草涂社 绘

U0281313

电子工业出版社·
Publishing House of Electronics Industry
北京·BEIJING

内容提要

基于 Windows 操作系统的 Adobe Photoshop（简称 PS）是常用的图像处理软件之一。本书联系少儿的日常学习生活设计了 5 个使用 PS 完成的任务，分别是：制作教师节贺卡，制作猫咪图鉴，给植物拍照，美化旅游照，制作涂鸦小作品。本书使用了 PS 中大部分基础功能，内容丰富，每个任务都有情景设置、详细的图文操作步骤、知识拓展和亲子练习，还设计了生活化的问题引发少儿的思考，旨在激发少儿的学习兴趣，助力少儿思想品德的发展。

本书适合想培养孩子学习图像处理软件的家长与孩子共读，也适合少儿计算机课程相关的教师、学生参考。

　　Adobe Photoshop（简称 PS）是应用非常广泛的计算机图像处理软件，值得一提的是，图像处理并不是图形创作，如果想要使用 PS 进行绘画创作，还需要有较好的绘画功底，而图像处理能依赖 PS 强大的功能完成。PS 的核心应用有抠图、修图、调色、合成等，应用领域非常广泛，包括平面设计、广告摄影、网页制作、视觉创意等。在现代数字化信息社会，影音行业发展迅速，很多行业都需要掌握 PS 的专业人才。

　　PS 的功能非常强大，也意味着学习起来较难，且需要同步培养设计美学基础，所以本书有针对性地设计了 5 个简单有趣的任务，用到了大部分 PS 的基础功能，适合孩子跟着书上的步骤边学习边操作，在制作作品的过程中培养设计感。在任务中学习，不但能让孩子有目标地多次使用某个功能，还能让孩子学会如何让功能之间相互配合起来，最后创作出一个完整的作品，获得成就感的同时也鼓励了孩子学习的信心。

　　在 PS 中，每个功能都有多种效果，且有多种多样的用法，所以在每个任务完成之后，本书还会介绍一些拓展知识，启发读者自主尝试使用，起到举一反三的效果。更进一步，本书在亲子练习模块中设计了练习题目，孩子可以在家长的陪同下模仿任务的实现过程，另外制作出一个作品，起到加深巩固的效果。

　　书中有两个好朋友将陪伴大家的整个学习过程，一个叫玥玥，是一个可爱的学生，另一个叫小咪老师，是一只精通 PS 的猫咪。每次玥玥遇到一些事情，需要使用 PS 制作一些东西的时候，她就会去找小咪老师请教制作的方法，大家可以和玥玥一起跟着小咪老师学习。在制作的过程中，玥玥遇到不懂的问题也会问小咪老师，小咪老师会耐心地解答她的问题，有时他们也会讨论一些生活中的问题，例如教师节是哪一天、文明旅游要注意哪些事项等，非常欢迎读者小朋友和他们一起讨论。让我们一起快乐地开启 Photoshop 的学习之旅吧！

目录
Contents

·任务一·

制作教师节贺卡

小咪老师，教师节快到啦，我想送老师一张贺卡。

好啊，玥玥想自己制作教师节贺卡吗？

想！小咪老师能教我怎么做吗？

好呀！我来教你！

制作教师节贺卡
- 做好准备
- 创建并保存PSD文件
- 置入图片
- 输入文字
- 绘制矩形进行装饰
- 保存图像文件并打印

做好准备

贺卡可以通过手工制作，也可以通过计算机制作，本任务我们就介绍如何用计算机上的 Adobe Photoshop 软件制作贺卡。Adobe Photoshop，简称 PS，是由 Adobe Systems 公司开发的图像处理软件。通过 PS 制作出来的贺卡是一张电子图片，还需要打印机将其打印出来，或者也可以用电子邮箱，将贺卡以电子图片的形式直接发送给想要赠送的人。

贺卡的结构形式多种多样，包括：单页式、双页式、异形式、一版成型式、附加成型式、牵拉式等，最常见且最简单的是单页式贺卡。

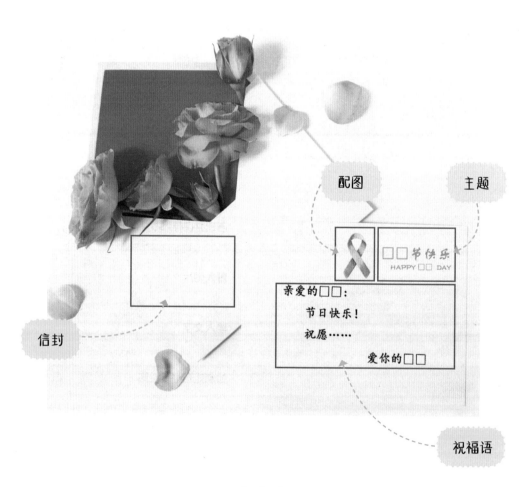

单页式贺卡又各不相同，有的以图案为主，有的以文字为主，有的还会有特殊的设计。标准的单页式贺卡包括以下几个部分。

● 主题：说明这张贺卡是为了庆祝什么事而制作的。

● 祝福语：格式类似写信，包括对方的称呼，对他（她）的祝福，以及自己的署名。

● 配图：为了让贺卡更美观，配上一些简单的图片。

● 信封：如果是给远方的亲朋好友制作贺卡，或者想让贺卡正式一些，可以给贺卡配个信封。

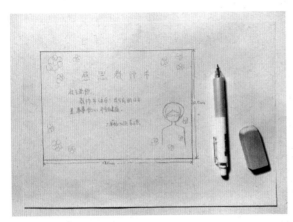

在开始制作之前，在草稿纸上设计出贺卡的大致样式，以及要写的祝福语，并量出贺卡的尺寸。

按照草稿纸上的设计，在网上找花和老师相关的配图。

小咪老师，去哪里找配图呢？

通过浏览器，可以在素材网站上下载，如果不知道怎么操作，可以寻求爸爸妈妈的帮助。

创建并保存 PSD 文件

首先，打开 Windows 操作系统，找到 Photoshop。

2. 单击 "Adobe Photoshop 2022"

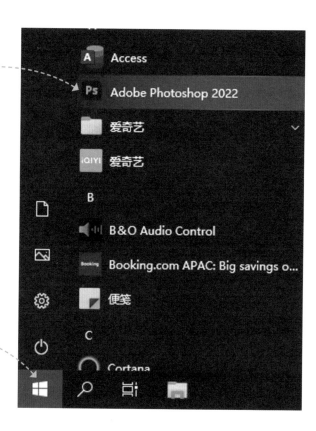

1. 单击 "开始"

小咪老师，如果在开始菜单里找不到Photoshop呢？

如果找不到就需要让爸爸妈妈帮忙下载安装，因为我们用的都是基础功能，安装的版本是没有限制的。

新建一个文档，设置预设参数。

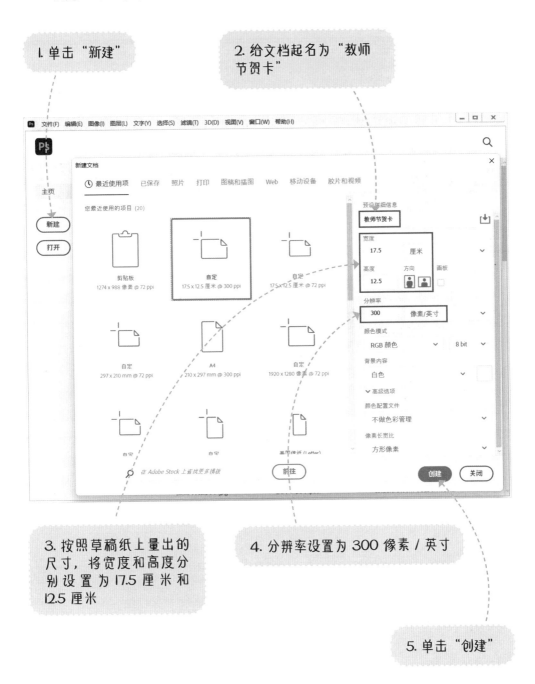

1. 单击"新建"

2. 给文档起名为"教师节贺卡"

3. 按照草稿纸上量出的尺寸，将宽度和高度分别设置为 17.5 厘米和 12.5 厘米

4. 分辨率设置为 300 像素 / 英寸

5. 单击"创建"

让我们来认识一下 PS 的界面。

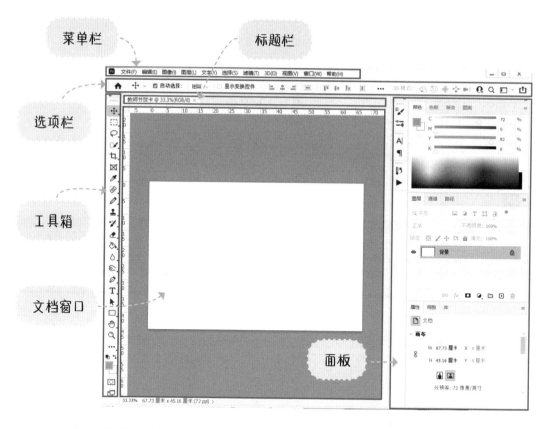

每个区域的功能如下。

● 菜单栏：包含了文件、编辑、图像等 11 个主菜单，几乎所有命令都排列在这些菜单中。

● 选项栏：选项栏是用来设置工具的参数的，例如铅笔工具的大小和硬度就可以在选项栏中进行设置。

● 标题栏：PS 中可以打开多个图像文档，在标题栏中可以选择在文档窗口中显示哪个。

● 工具箱：包含了移动工具、矩形选区工具等约 65 种工具。

● 文档窗口：在画布上显示当前文档的图像。

● 面板：常见的面板有颜色面板、图层面板、属性面板等。在处理图像时，经常需要在这些面板中执行各种操作。

新建完成之后，我们先将文件保存为 PSD 格式的文件。PSD 格式是 PS 软件专用文件格式，它能保存对图像的处理过程，用 PS 打开后还能再次编辑该图像。

1. 单击"文件"

2. 选择"存储为"

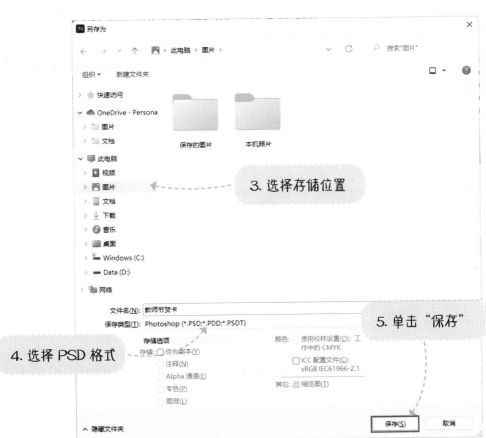

3. 选择存储位置

4. 选择 PSD 格式

5. 单击"保存"

第3步

置入图片

置入准备好的花的图片。

I. 单击"文件"

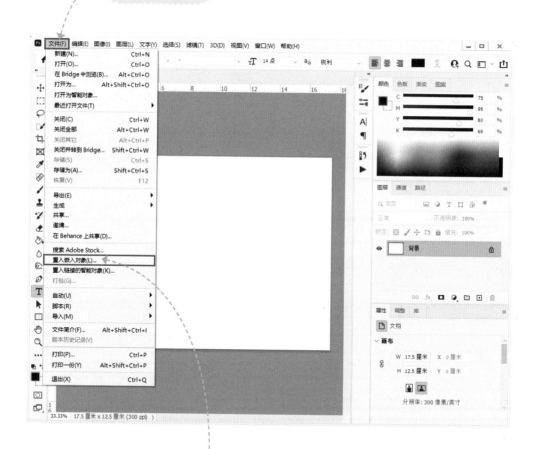

2. 选择"置入嵌入对象"

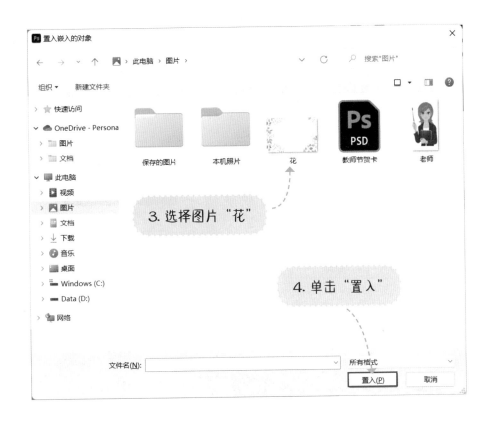

3. 选择图片"花"

4. 单击"置入"

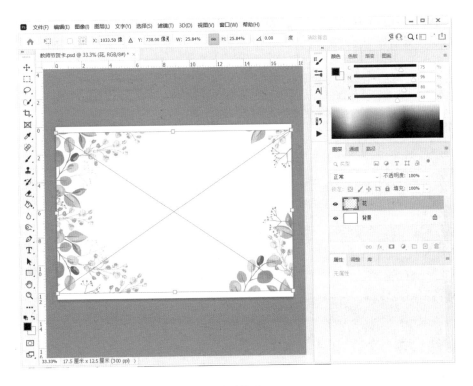

刚置入的图片上有两根交叉的线，表示图片是可以自由变换大小的状态。可以看到图片比画布小一些，所以需要将其放大。

l. 将光标放在图片边缘的控制点上，按住鼠标左键拖曳进行放大

2. 按 Enter 键确认变换

按同样的方法，置入老师的图片，调整其大小和位置。

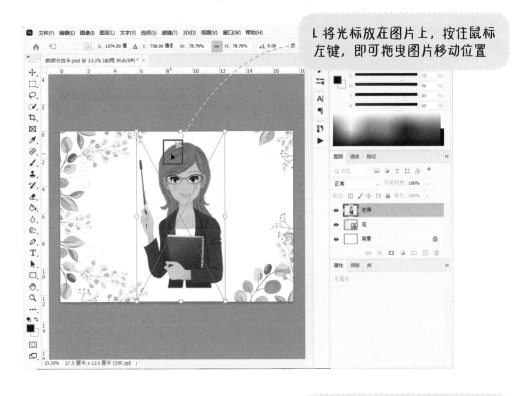

1. 将光标放在图片上，按住鼠标左键，即可拖曳图片移动位置

2. 将图片拖曳至最右侧，且老师形象的下边缘和画布下边缘对齐

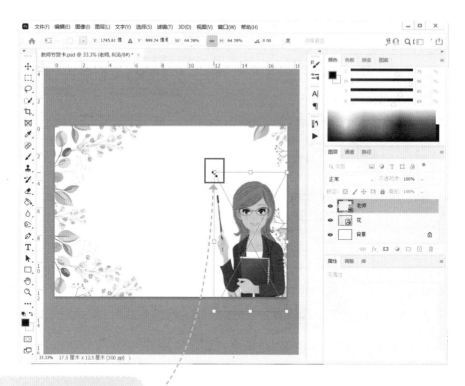

3. 拖动左上角的控制点，将图片缩小一些

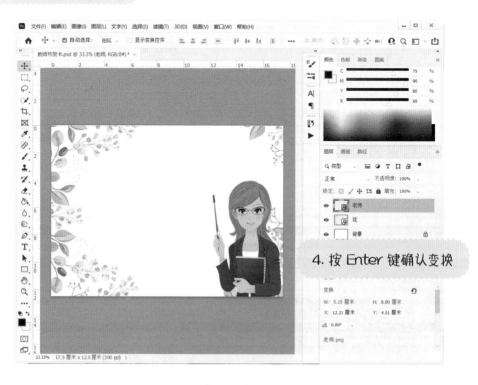

4. 按 Enter 键确认变换

在图层面板中调整图片的顺序，将老师图片放到花图片的下面。

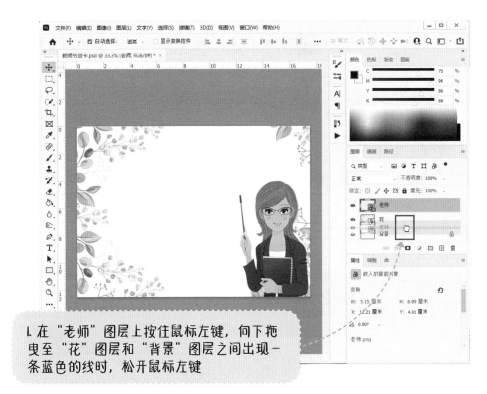

1. 在"老师"图层上按住鼠标左键，向下拖曳至"花"图层和"背景"图层之间出现一条蓝色的线时，松开鼠标左键

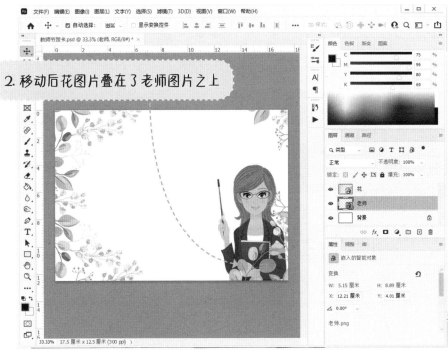

2. 移动后花图片叠在了老师图片之上

输入文字

使用横排文字工具，输入主题，并设置字体样式。

l. 在文字工具上单击鼠标右键

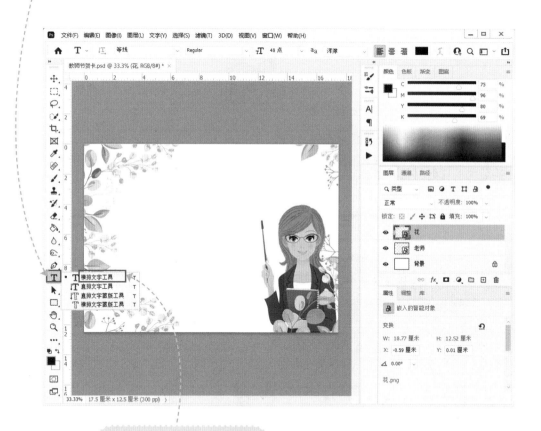

2. 选择"横排文字工具"

3. 在画布上单击鼠标左键, 出现一个点文字光标

4. 输入主题文字, 并选中它们

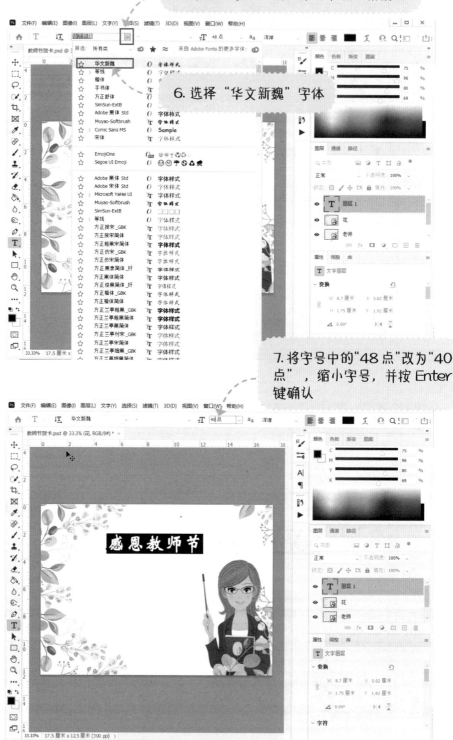

5. 单击"字体"按钮旁的下拉三角按钮

6. 选择"华文新魏"字体

7. 将字号中的"48点"改为"40点"，缩小字号，并按 Enter 键确认

感恩教师节

8. 单击文字颜色按钮

10. 再挑一个粉色

11. 单击"确定"

9. 选取红色

玥玥知道教师节的意义吗？

我知道！是为了感谢老师们的辛苦付出。

玥玥真棒！教师节是为了肯定教师为教育事业所做的贡献。小朋友，你知道教师节是哪一天吗？

使用移动工具，将主题文字移动到画布中间。

输入祝福语，并设置字体样式。

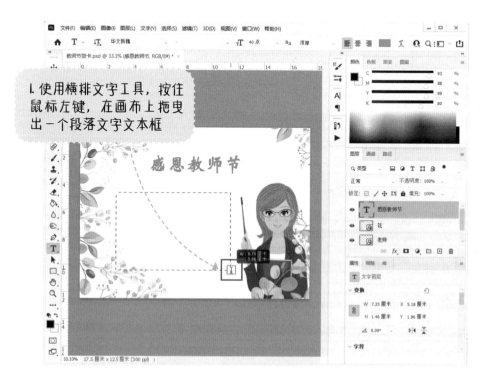

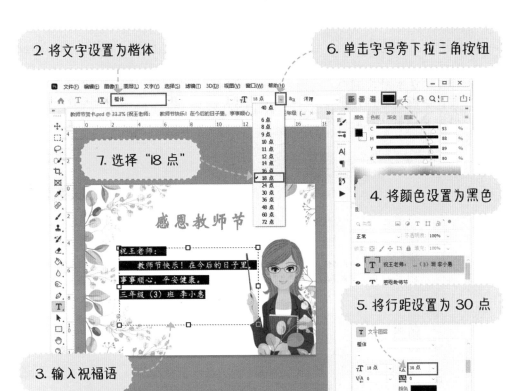

2. 将文字设置为楷体

6. 单击字号旁下拉三角按钮

7. 选择"18 点"

4. 将颜色设置为黑色

5. 将行距设置为 30 点

3. 输入祝福语

9. 将文字设置为 14 点

10. 单击"右对齐文本"按钮

8. 仅选中署名

调整文字排版，使其在视觉上更加合理。

1. 光标放在文本框控制点上，按住鼠标左键向左拖曳，缩小文本框，且右侧文字均对齐

2. 使用移动工具，调整主题和祝福语的位置，使上下的留白差不多相等

绘制矩形进行装饰

此时贺卡的边缘显得比较松散，绘制一个矩形进行装饰。

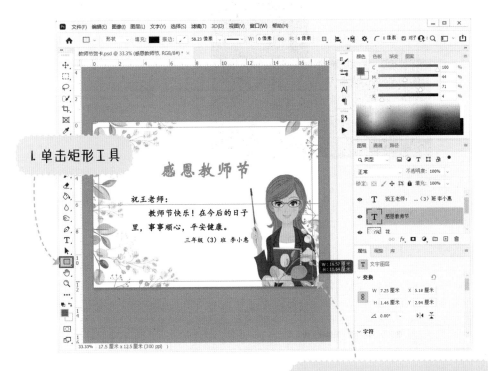

1. 单击矩形工具

2. 按住鼠标左键，沿着对角线拖曳出一个矩形

老师，画面上出现的粉色的线是什么？

此时出现的粉色的线是智能参考线，代表画出的矩形是上下对称的。在使用移动工具时经常会出现这样粉色的线，它能有效帮助我们找到元素之间的对齐关系。

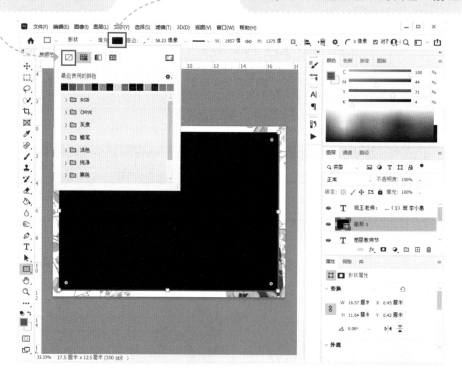

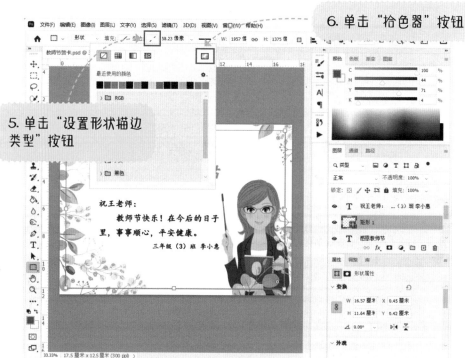

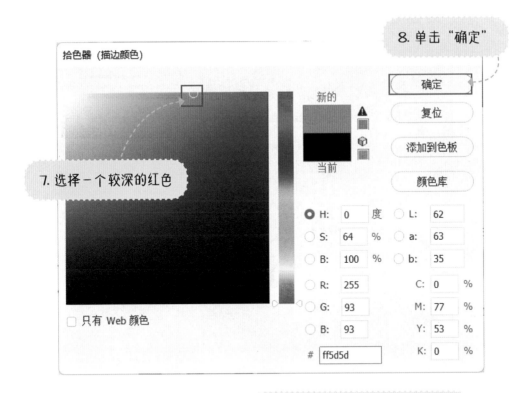

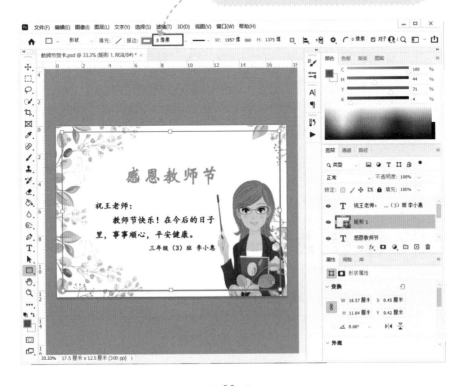

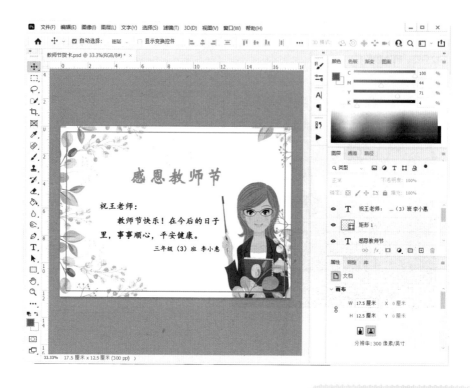

至此贺卡就设计完成了。

第6步

保存为图像文件并打印

　　JPG 格式是非常普适的图像文件格式，用绝大多数软件都能打开。如果想把贺卡以电子文件的形式赠送出去，可以将做好的贺卡存储为 JPG 格式的图像。

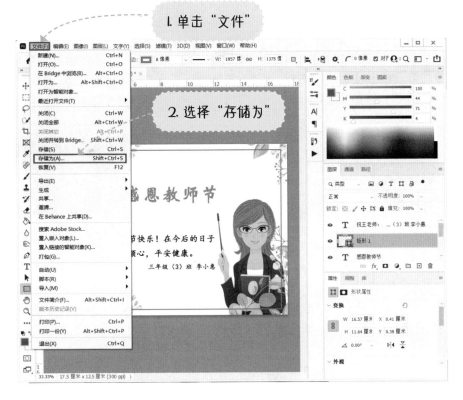

1. 单击"文件"

2. 选择"存储为"

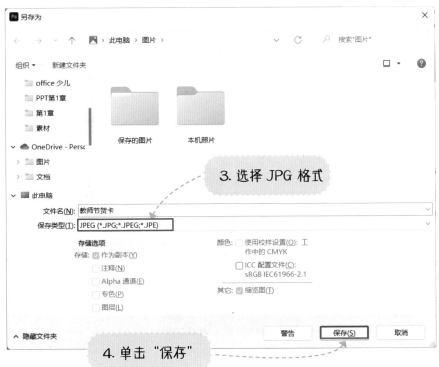

3. 选择 JPG 格式

4. 单击"保存"

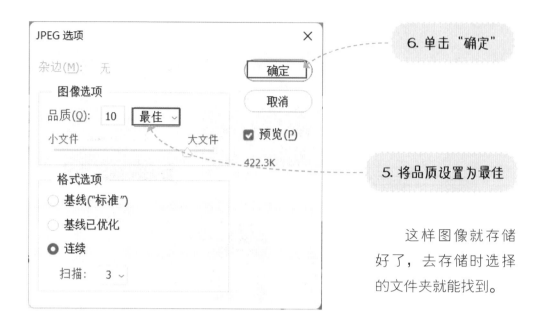

6. 单击"确定"

5. 将品质设置为最佳

这样图像就存储好了，去存储时选择的文件夹就能找到。

如果要将图像打印出来，也可以在 PS 中直接打印。

1. 单击"文件"

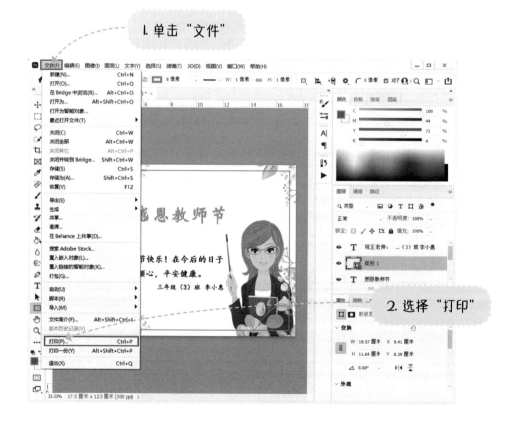

2. 选择"打印"

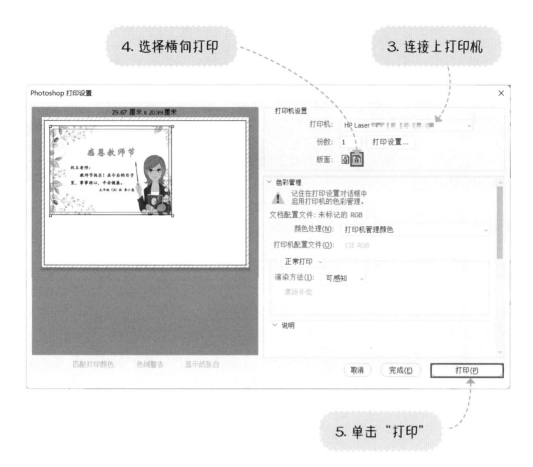

4. 选择横向打印

3. 连接上打印机

5. 单击"打印"

打印出来后，用剪刀剪下来即可。

//// 知识拓展 ////

小咪老师，这次任务我们用到的功能还有别的用法吗？

当然有啦，我们可以整理一个知识拓展笔记。

新建文件

新建文件时比较重要的参数就是画布的尺寸和分辨率。

PS 新建文件时设置的画布尺寸是多少，打印时就将以该尺寸进行打印。如果尺寸设置得过大，会打印不全；尺寸设置得过小，效果会差。所以需要提前计算好画布的尺寸，不过新建文件完成后，也可以重新设置画布的尺寸。

设置的文件分辨率越高，画面的清晰度越高，但是过高的分辨率又会减慢软件的运行速度，所以分辨率的设置也需要适当。

保存文件

除了 PSD 格式和 JPG 格式，PS 还能将文件存储为许多其他格式，比如PNG、GIF 等，不同格式的文件有不同的特性。PSD 格式的文件用 PS 打开后还保留图层信息，但是 JPG、PNG 等格式的文件用 PS 打开后就只有一个合并后的图层。

图层

图层就像含有文字或图形等元素的胶片，这些图层一张张按顺序叠在一起，形成了最终的效果，移动图层就能改变元素之间的堆叠关系。

移动工具

使用移动工具，在画布上按住鼠标左键拖曳任意元素即可移动其在画布上的位置，若仅单击该元素，则选中该元素。

文字工具

在文字工具上单击鼠标右键就能显示出隐藏的工具，除了横排文字工具，还有直排文字工具等。

自由变换

自由变换能够改变元素的大小和旋转角度，可以选中一个元素后，单击"编辑"菜单，选择"自由变换"，进入自由变换状态，也可以按 Ctrl+T 键直接进入自由变换状态。

玥玥，你学会怎么做教师节贺卡了吗？

学会啦，谢谢小咪老师！

给爸爸妈妈也做一张贺卡吧。

好的，小咪老师！

　　做一张感谢贺卡给爸爸妈妈，感谢他们的辛苦付出，给他们最真诚的祝福。做好之后，打印出来，亲手送给他们。

成果评判

能够将做好的贺卡打印出来——需要加油啦

贺卡上有祝福语——还不错

贺卡上有配图——就差一点点

贺卡上的图文排版非常美观——非常棒

制作猫咪图鉴

小咪老师，美术老师组织全班同学做一本图鉴。

真棒！玥玥知道怎么做吗？

美术老师教了我们手工制作，小咪老师知道怎么用计算机制作吗？

当然知道啦！我来教你！

制作猫咪图鉴

- 做好准备
- 创建并保存PSD文件
- 填充背景
- 制作主题
- 放入配图
- 放入介绍
- 调整排版
- 绘制矩形进行装饰
- 使用画笔进行美化

做好准备

我们首先来了解一下图鉴包括哪些部分。

主题 - - - ->
配图 - - - ->
介绍 - - - ->

● 主题：说明图鉴介绍的对象。

● 配图：体现介绍对象形态及外貌特征的图片，可以是一张或多张。

● 介绍：关于对象的介绍性文字，描述了对象的特征和特性。根据图鉴类型的不同，介绍语言可以是严肃的，也可以是轻快的。

在开始制作图鉴之前，需要确定图鉴的对象，准备相关的图片和文字，也可以在草稿纸上先设计出大致样式，再到 PS 中进行制作。

玥玥知道图鉴的作用吗？

我知道！美术老师说过，图鉴的主要作用是向人们展示事物全面、真实的样子，便于阅读的人去了解。

是的，在认识事物的过程中我们就能获得知识，这就叫格物致知。小朋友，你知道有哪些种类的图鉴吗？

第2步

创建并保存 PSD 文件

首先，打开 PS 软件，按老师要求的尺寸新建一个画布，并保存为 PSD 文件。

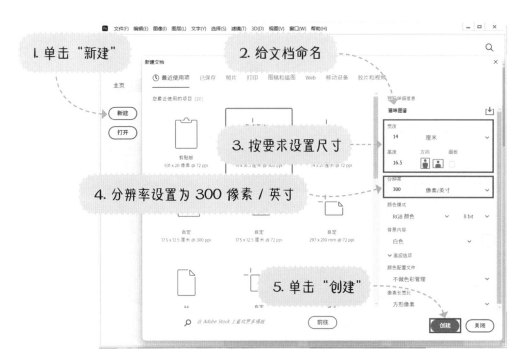

6. 按 Shift+Ctrl+S 键弹出另存为窗口

7. 选择存储位置

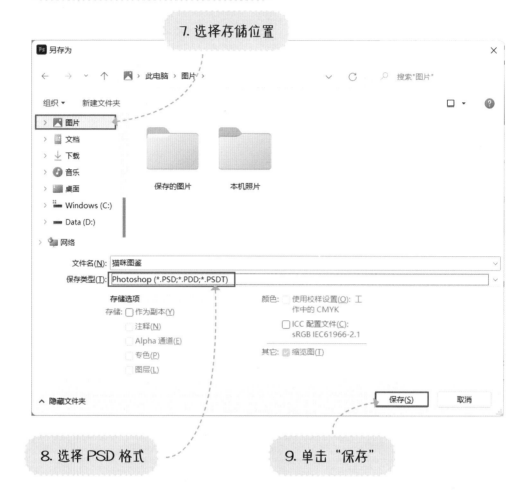

8. 选择 PSD 格式

9. 单击"保存"

填充背景

为了确定图鉴设计的整体色调，可以先选择一种比较温和的颜色，填充到背景图层上。

2 选择一个较浅的粉色

3. 单击确定

I. 单击拾色器中的"设置前景色"按钮

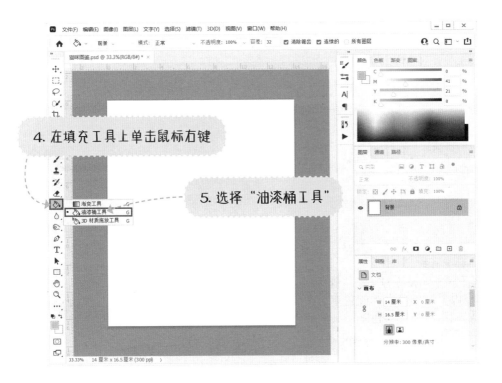

4. 在填充工具上单击鼠标右键

5. 选择"油漆桶工具"

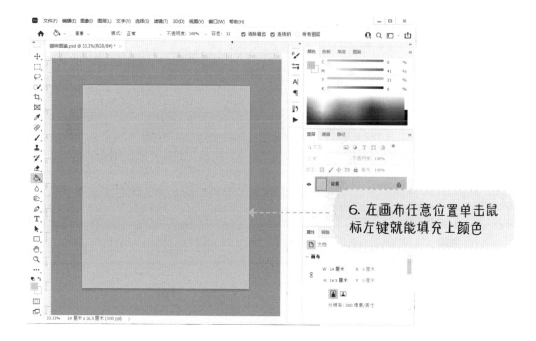

6. 在画布任意位置单击鼠标左键就能填充上颜色

制作主题

使用横排文字工具输入图鉴主题，并设置文字样式。

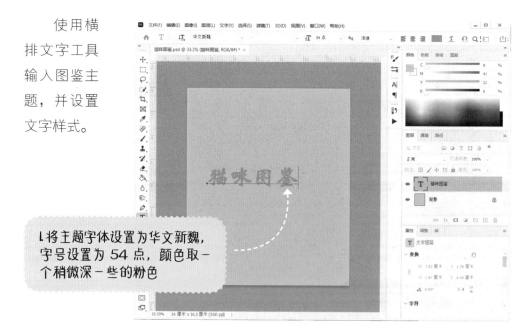

ㄴ将主题字体设置为华文新魏，字号设置为 54 点，颜色取一个稍微深一些的粉色

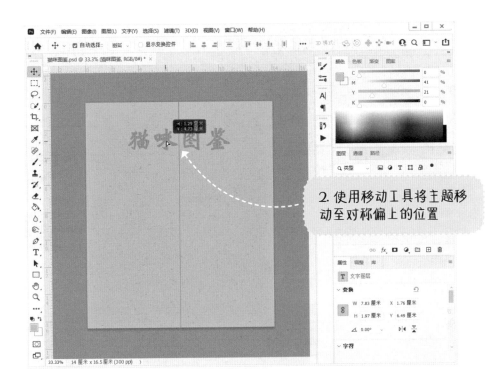

2. 使用移动工具将主题移动至对称偏上的位置

利用图层样式，给主题加一个描边，使其更加突出。

2. 选择"混合选项"

1. 在主题图层上单击鼠标右键

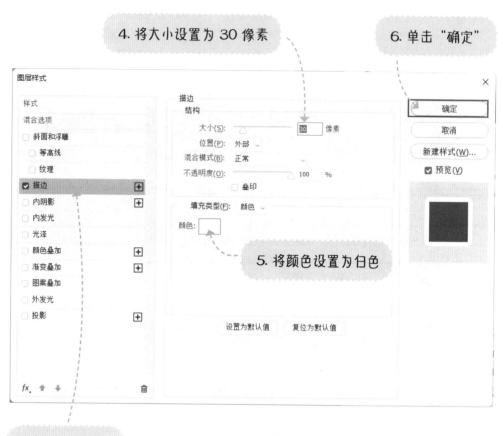

4. 将大小设置为 30 像素

6. 单击"确定"

5. 将颜色设置为白色

3. 选择"描边"

放入配图

我们准备的配图可能并不是统一的大小，如果直接放入图鉴，会很杂乱。这里我们可以使用图框工具。

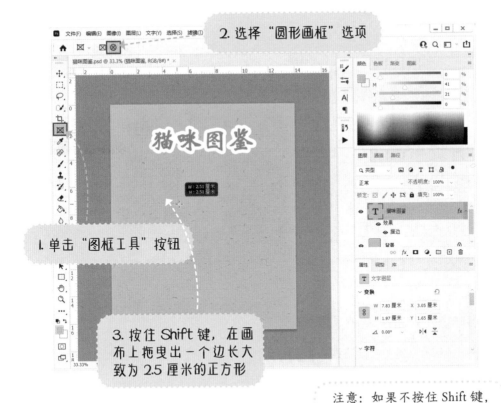

2. 选择"圆形画框"选项

1. 单击"图框工具"按钮

3. 按住 Shift 键，在画布上拖曳出一个边长大致为 2.5 厘米的正方形

注意：如果不按住 Shift 键，拖曳出的可能是一个椭圆。

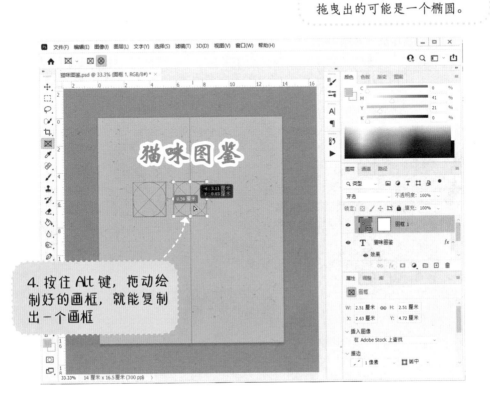

4. 按住 Alt 键，拖动绘制好的画框，就能复制出一个画框

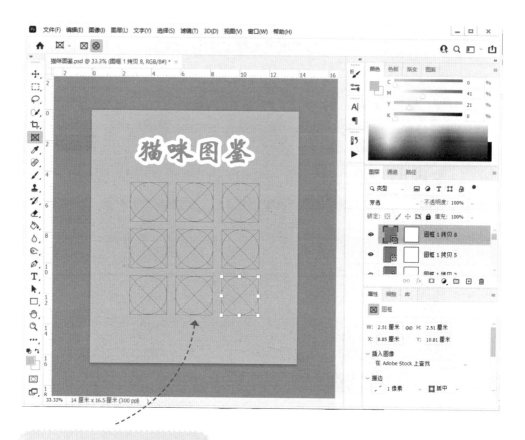

5. 总共绘制出 9 个圆形画框

小咪老师，怎么排才能排列得这么整齐呀?

还记得上一个任务中用到的粉色的智能参考线吗? 利用智能参考线，就能使9个圆形画框横向和纵向都是对齐的。

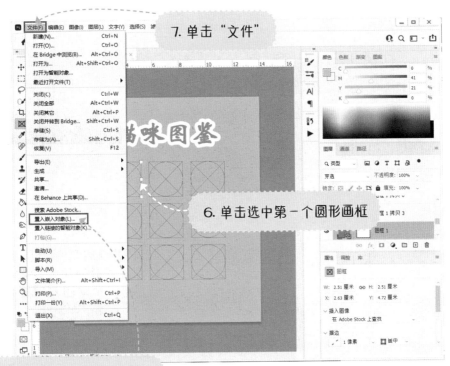

7. 单击"文件"

6. 单击选中第一个圆形画框

8. 选择"置入嵌入对象"

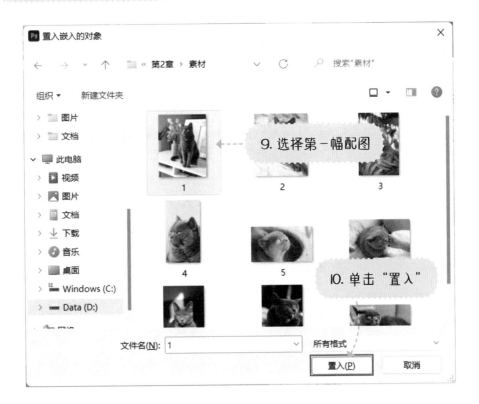

9. 选择第一幅配图

10. 单击"置入"

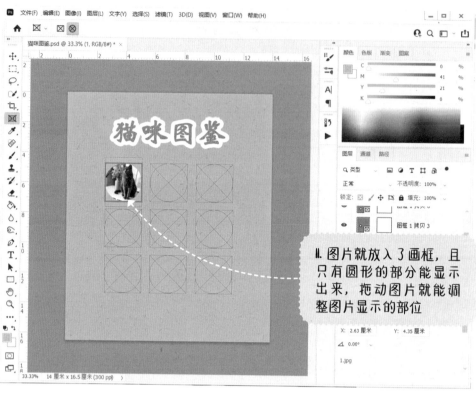

11. 图片就放入了画框，且只有圆形的部分能显示出来，拖动图片就能调整图片显示的部位

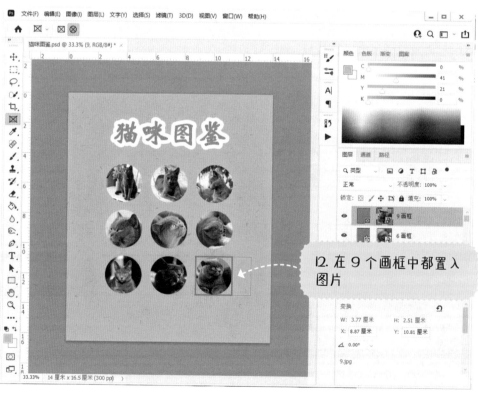

12. 在9个画框中都置入图片

放入介绍

使用文字工具，放入介绍的文字，并设置字体样式。

3. 将文字边缘样式设置为锐利

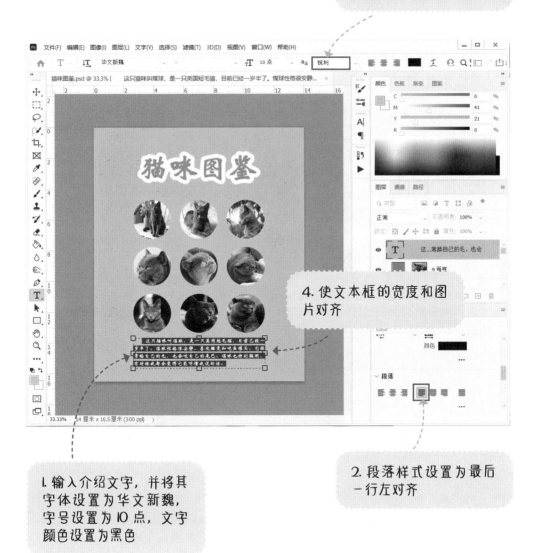

4. 使文本框的宽度和图片对齐

1. 输入介绍文字，并将其字体设置为华文新魏，字号设置为 10 点，文字颜色设置为黑色

2. 段落样式设置为最后一行左对齐

调整排版

使用移动工具，配合智能参考线，调整图片和文字之间的对齐关系，使它们占据画布的绝大部分空间。

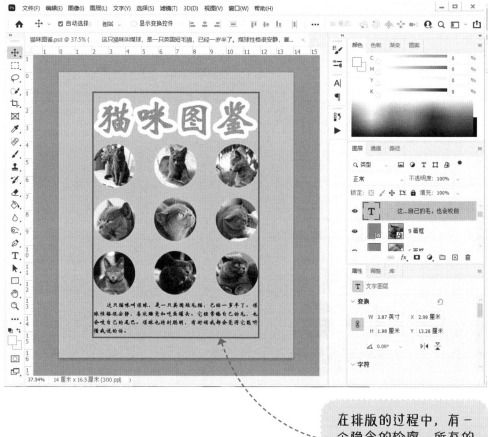

在排版的过程中，有一个隐含的轮廓，所有的元素都在这个轮廓里

提示：图片和文字的大小是可以重新调整的，使它们贴合隐含的轮廓。

绘制矩形进行装饰

虽然在排版的过程中已经有了一个隐含的轮廓了，但是视觉上的整体性可能还不足，所以绘制一个矩形进行装饰。

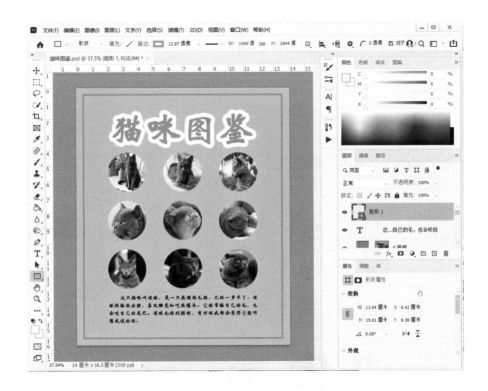

使用画笔进行美化

使用画笔工具，在背景图层上绘制一些图案。首先，需要恢复旧版画笔预设。

小咪老师，为什么要恢复旧版画笔预设？

软件是会不断改版的，如果使用的是比2015版PS更早版本的PS，则无须恢复。如果不确定是否需要，可以寻求爸爸妈妈的帮助。

2. 单击"画笔工具"按钮

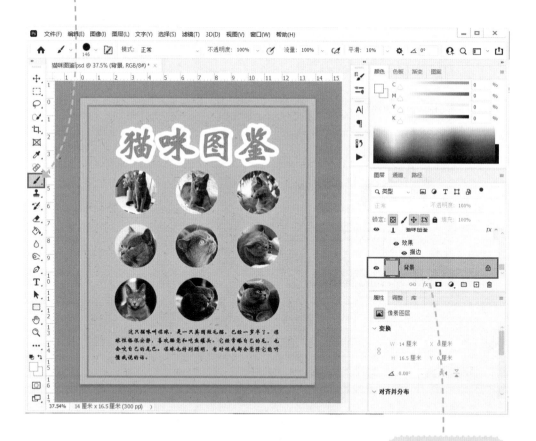

1. 选择背景图层

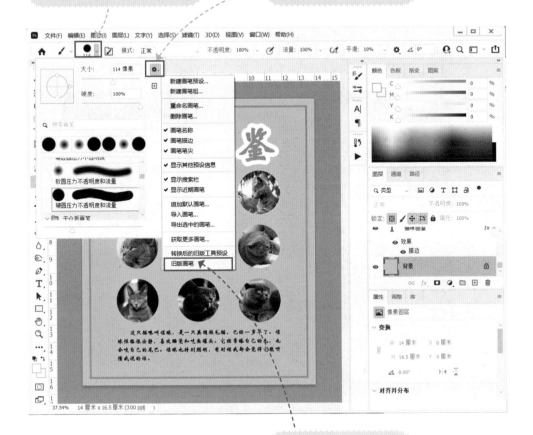

5. 选择"旧版画笔"

6. 单击"确定"

8. 单击 "画笔"

7. 单击 "画笔设置" 按钮

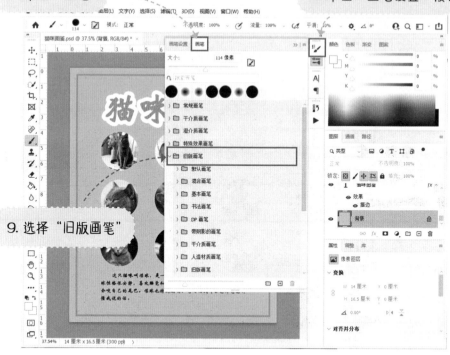

9. 选择 "旧版画笔"

10. 选择 "特殊效果画笔"

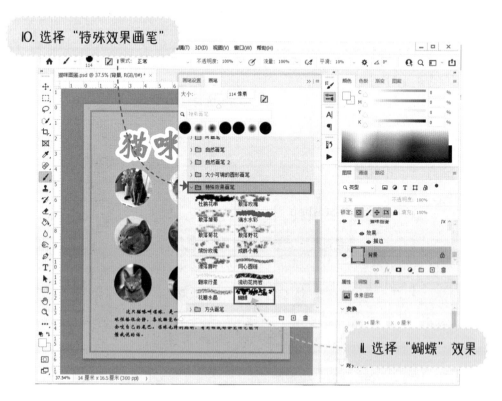

11. 选择 "蝴蝶" 效果

12. 再次打开"画笔预设"

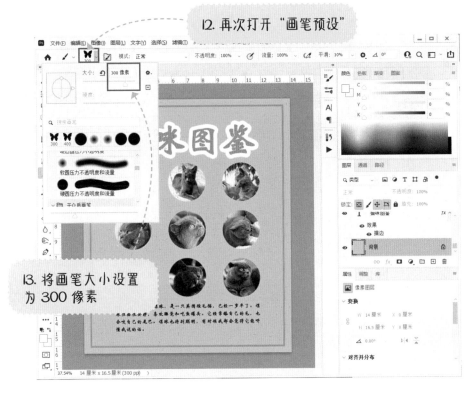

13. 将画笔大小设置为 300 像素

14. 在画布上单击鼠标左键，就能绘制出蝴蝶图案

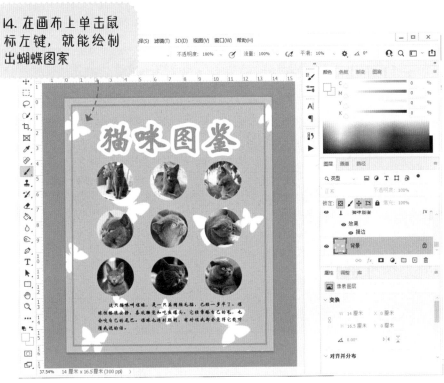

小咪老师，为什么我画出来的蝴蝶特别多，都看不清了？

如果按住鼠标左键拖曳，将绘制出过量、过密的蝴蝶图案，所以需要通过单击的方式绘制。除了蝴蝶的图案，玥玥也可以试试绘制其他的图案。

至此，猫咪图鉴就制作完成了，打印出来交给老师吧。

/// 知识拓展 ///

图框工具

图框工具能轻松遮盖图片，让置入的图片仅显示画框中的部分。除了本任务用到的圆形画框，还有正方形、五角星等任意形状的画框。

图层样式

PS 提供了各种图层样式，除了本任务用到的描边，还有阴影、发光、斜面等效果。除了通过图层的右键菜单打开图层样式窗口，也可以在图层右侧双击鼠标左键，快速打开图层样式窗口。

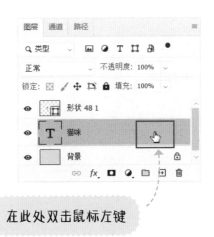

在此处双击鼠标左键

形状工具

形状工具中除了矩形工具，还有椭圆工具、三角形工具等，能绘制出各种各样的图案，其中自定形状工具还能绘制出树、动物、船等图案。

 玥玥，你学会怎么制作猫咪图鉴了吗？

学会啦，谢谢小咪老师！

 和爸爸妈妈一起再制作一个植物图鉴吧。

好的，小咪老师！

制作一个植物图鉴，打印出来挂在卧室里当作装饰吧。

成果评判

图鉴上有配图和介绍——需要加油啦

配图置入时使用了画框——还不错

给文字设置了图层样式——就差一点点

图鉴上的图文排版非常美观——非常棒

·任务三·

给植物拍照

小咪老师，我最近学会拍照啦。

玥玥真棒，玥玥用什么拍的呀？

用爸爸妈妈的手机拍的，但为什么有时候拍出来的照片没有看到的好看呢？

拍照也需要很多技巧。玥玥可以从给植物拍照开始练习，我来教你!

做好准备

用手机给植物拍照

用PS打开照片

给植物拍照　　调整照片的构图

调整照片的亮度

给背景添加滤镜

调整照片大小

做好准备

在拍照的过程中，我们需要注意 3 个要素：光线、构图、对焦。

● 光线：环境的光线对拍摄的影响很大，一般不面向光源（例如太阳或灯光）拍照，而是背对着光源拍照，让光源充分地照在我们要拍的对象上，这样拍出来的照片才更加清晰明亮。

但在某些情况下，面向光源拍出的照片也会有特别的意境。

● 构图：照片一般是一个长方形或正方形的图片，将拍照的主体放在什么位置，例如中心、偏左、偏右等，就是构图。不同的构图会产生不一样的视觉效果。例如下面这个例子：如果蒲公英在中间，看上去虽然和谐，但比较普通；如果蒲公英在偏右的位置，就会右重左轻，不和谐；如果蒲公英在偏左的位置，虽然左重右轻，但正好强调了飘起的蒲公英籽要向右飞的感觉，照片会显得更加生动形象。

● 对焦：在拍照时，对上焦的物体是清晰的，没对上焦的物体是模糊的。对焦的物体和相机设置、拍照距离等有关系。如果画面中的物体有远有近，就会有清晰和模糊的区别。有时摄影师也会故意制造出清晰和模糊的对比关系，突出拍摄的主体。

用手机给植物拍照

在手机上打开相机。

点击相机图标

可以竖置或横置手机，给心仪的植物拍照。

1. 点击画面中的植物，会出现
一个圈，使相机对焦到植物上

2. 点击拍照按钮

玥玥知道为什么要爱护植物吗？

我知道！因为植物是我们的朋友，比如树木就可以遮阳挡风。

玥玥真棒！其实最重要的是，植物能通过晒太阳，从叶子向空气中释放供人类和动物呼吸的氧气，所以我们要爱护植物。小朋友，你知道如何爱护植物吗？

用 PS 打开照片

用 PS
打开拍好
的照片。

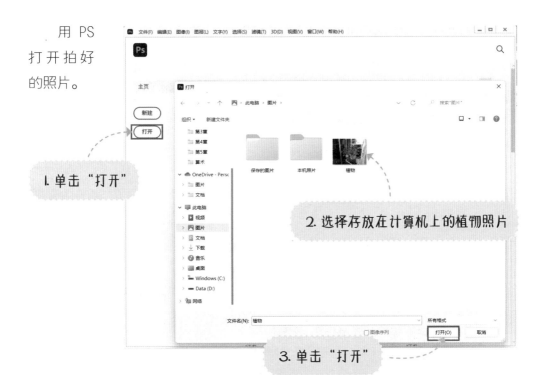

I. 单击"打开"

2. 选择存放在计算机上的植物照片

3. 单击"打开"

调整照片的构图

使用裁剪工具对照片进行裁剪，调整照片的构图。

2. 单击比例后的文本框，将其中的数字删除，使其处于空白状态，这样就可以任意地裁剪照片了

1. 单击"裁剪工具"按钮

3. 按住鼠标左键拖曳白色的控制点就能对照片进行裁剪

4. 最上面的叶子长得太高，将其裁剪掉，使植物的叶子看起来更紧凑

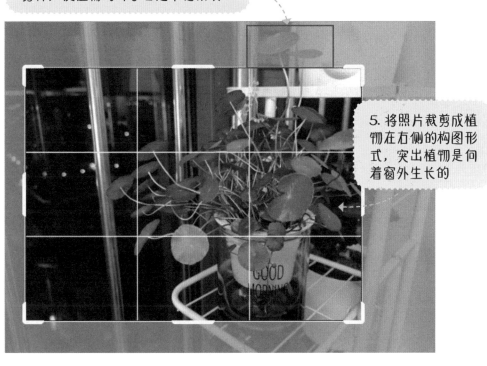

5. 将照片裁剪成植物在右侧的构图形式，突出植物是向着窗外生长的

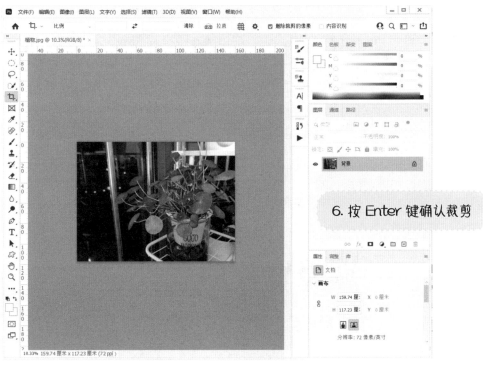

6. 按 Enter 键确认裁剪

小咪老师，放大镜工具是不是会改变照片的大小？

放大镜工具不会改变照片的真实大小（打印出来的大小），只是改变了照片在屏幕上显示的大小。也可以按住Alt键，向上滑动鼠标滚轮放大照片，向下滑动鼠标滚轮缩小照片。

调整照片的亮度

由于光源不是很亮，照片上的颜色不够鲜艳明亮。使用曝光度调整层，增加照片的亮度。

1. 单击"调整"

2. 选择"曝光度"选项

3. 将"曝光度"调整为 +0.8

给背景添加滤镜

给背景（植物以外的画面）添加一个模糊滤镜，模拟浅景深产生的效果，突出植物。

首先使用快速选择工具将背景抠选出来，形成一个选区，这样模糊滤镜就只在选区里生效，不会影响植物。

1. 选择"快速选择工具"

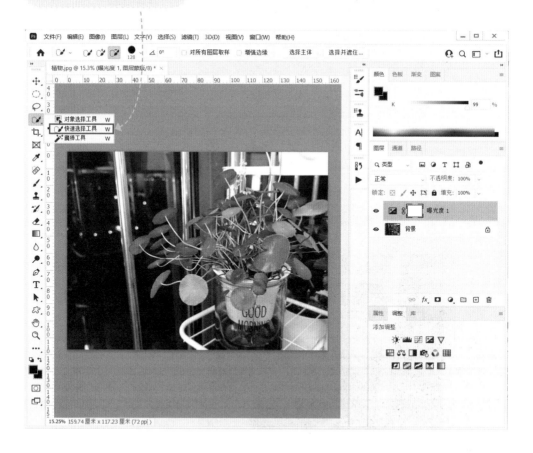

2. 单击"添加到选区"按钮

3. 按住鼠标左键在背景上涂抹，形成选区

如果添加的选区过大，也可以减小。只要大致区分开植物和背景就可以，无须过分抠选。

1. 单击"从选区减去"按钮

2. 在植物上涂抹

给背景添加高斯模糊滤镜。

2. 单击"滤镜"

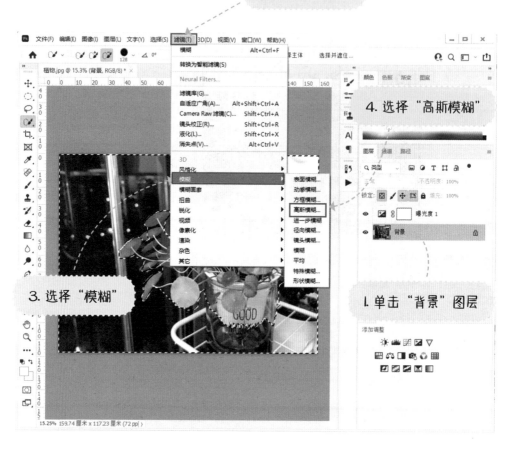

3. 选择"模糊"

4. 选择"高斯模糊"

1. 单击"背景"图层

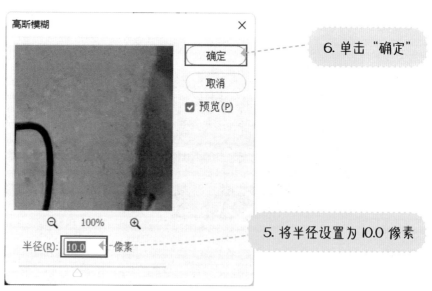

高斯模糊

6. 单击"确定"

确定

取消

☑ 预览(P)

100%

半径(R)：10.0 像素

5. 将半径设置为 10.0 像素

7. 按 Ctrl+D 键取消选区

73

调整照片大小

如果要把照片打印出来，就要按实际需求调整照片的大小（例如需要宽度为 10 厘米），否则打印出来的照片会过大或过小。

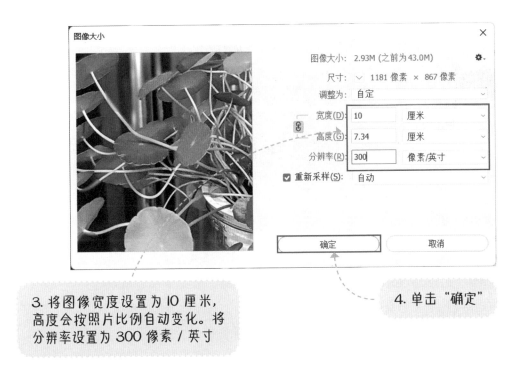

图像大小

图像大小: 2.93M (之前为43.0M)

尺寸: ∨ 1181 像素 × 867 像素

调整为: 自定

宽度(D): 10 厘米

高度(G): 7.34 厘米

分辨率(R): 300 像素/英寸

☑ 重新采样(S): 自动

确定　　　　取消

3. 将图像宽度设置为 10 厘米，
高度会按照片比例自动变化。将
分辨率设置为 300 像素 / 英寸

4. 单击"确定"

对比照片美化前后的效果，照片色彩更鲜艳、主体更突出了。保存文件，并将其打印出来贴在展示板上。

至此，给植物拍照，并用 PS 进行美化的任务就完成了。

知识拓展

小咪老师，这次任务我们用到的功能还有别的用法吗？

当然有啦，我们可以整理一个知识拓展笔记。

手机拍照

手机里的相机有许多功能，例如：如果环境中的灯光特别暗，开启闪光灯功能，在拍摄的瞬间，手机会发出强光；在给人物拍照时，可以打开滤镜功能，拍出的照片就是添加过滤镜的效果。

手机相机还有多种模式：专业模式、录像模式、拍照模式、人像模式等。

裁剪工具

除了自由裁剪，还可以按比例裁剪，例如按1：1裁剪出来的就是一个正方形。

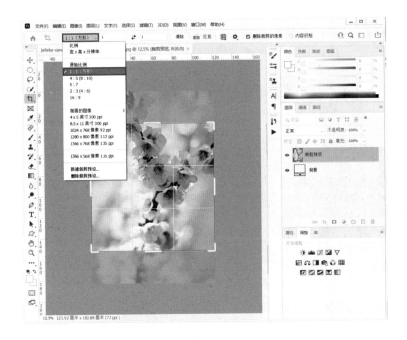

选择工具

选区在 PS 中非常重要，选区选得精确会使美化图片的过程变得非常简单。因此，创建选区的工具也有很多，除了快速选择工具，还有椭圆选框工具、套索工具、魔棒工具等。例如，魔棒工具可以根据颜色创建选区，方便快速改变颜色。

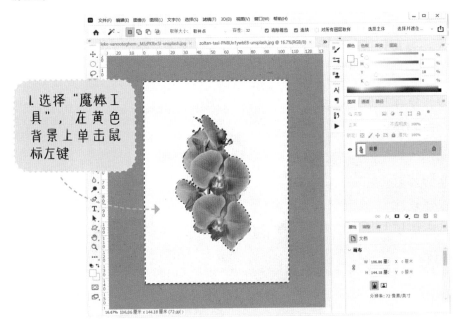

1. 选择"魔棒工具"，在黄色背景上单击鼠标左键

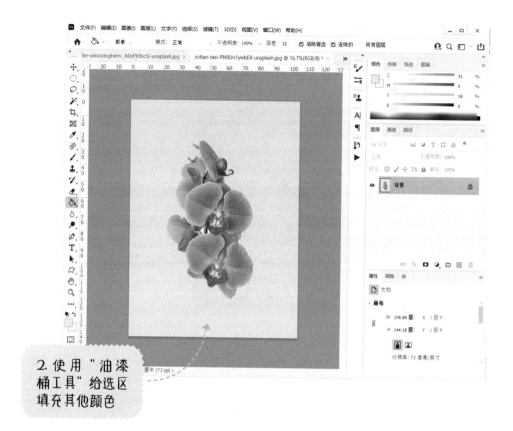

2. 使用"油漆桶工具"给选区填充其他颜色

曝光度调整

曝光度调整可以增加图像的亮度，以修复在很暗的地方拍摄出来的图像；也可以降低图像的亮度，以修复在很亮的地方拍摄出来的图像。

滤镜

PS 中的滤镜和手机中的滤镜差别比较大，PS 中的滤镜功能强大且复杂，包括非常多的类型，例如风格化、扭曲、锐化等。

 玥玥，你学会怎么给植物拍照了吗？

学会啦，谢谢小咪老师！

 和爸爸妈妈一起再拍一张吧。

好的，小咪老师！

用手机给植物拍照，并从光线、构图、对焦 3 个方面用 PS 对其进行美化。

成果评判

用手机给植物拍摄一张清晰的照片——需要加油啦
调整照片的构图——还不错
调整照片的亮度，并使用模糊滤镜——就差一点点
调整后的照片清晰明亮、主体突出——非常棒

美化旅游照

 小咪老师，我和爸爸妈妈出去旅游啦。

好啊，玩得开心吗？

 开心！其实，我偷偷给爸爸妈妈拍了好多照片，但是，拍到了路人。小咪老师知道怎样能让照片更好看吗？

当然知道啦！我来教你！

```
                                    做好准备

                                    用PS打开旅游照

          美化旅游照 ————          消除路人

                                    增加照片对比度

                                    调整照片色彩
```

做好准备

　　不同的旅游照会有不同的问题，包括颜色、亮度、内容等方面，所以首先要通过观察对照片进行分析，只有知道照片有什么问题，才能动手对其进行处理。我们来看看玥玥同学拍的旅游照有哪些问题。

● 背景复杂：画面中的人物比较多，而且颜色都比较深，所以看到这张照片时，注意力会被其他无关的人物分散。

● 看着不清爽：虽然照片上有明有暗，但是看起来模模糊糊的，好像有一层雾一样。

　　那我们要如何解决这两个问题呢？

　　● PS 提供了许多图像调整工具，可以消除我们想要去掉的对象，其原理是通过从图像其他部分提取样本，填充到选定的图像上将其覆盖，效果非常自然。

●照片不清爽，一方面是因为亮的地方不够亮，暗的地方不够暗，亮暗之间的对比不够强烈；另一方面是因为照片上的红色过多，导致环境和人物的轮廓不明显，仿佛融在了一起。因此，需要用 PS 增加照片的对比度，调整照片的色彩。

用 PS 打开旅游照

打开 PS，再用 PS 打开旅游照。

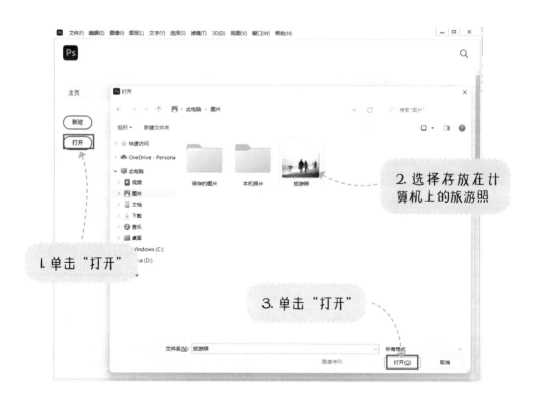

1. 单击"打开"

2. 选择存放在计算机上的旅游照

3. 单击"打开"

玥玥去海边玩了呀，知道在海边要注意什么吗？

我知道！不能乱丢垃圾，不能去水深的地方。

玥玥真棒！我们既要保护环境，也要保护自身安全。小朋友，你还知道文明旅游要注意哪些事吗？

第3步

消除路人

首先要用选择工具中的"对象选择工具"，将路人抠选出来。

1. 选择"对象选择工具"

2. 按住鼠标左键，拖曳
出矩形选区，框住路人

3. 松开鼠标后，选区会
自动抠选出路人

这时我们发现用对象选择工具自动生成的选区比人物小，边缘有些地方没有选到，所以要将选区稍微扩大一些。

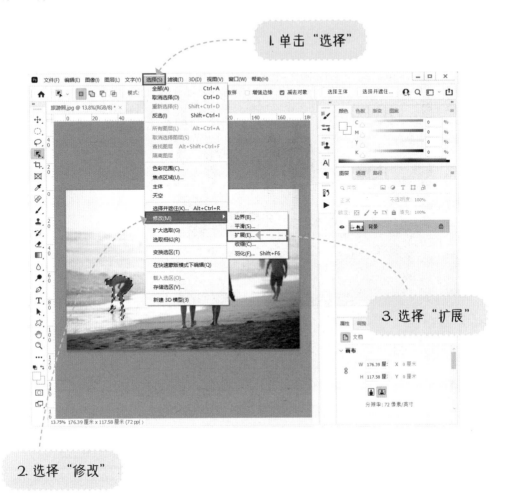

1. 单击"选择"

2. 选择"修改"

3. 选择"扩展"

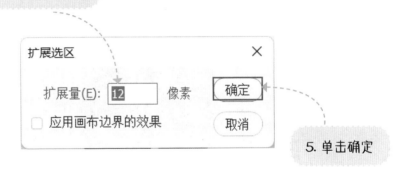

4. 将"扩展量"改为 12 像素

5. 单击确定

使用内容识别填充将路人消除。

3. 单击"输出到"后的下拉列表

4. 选择"当前图层"

5. 单击"确定"

6. 在任意位置单击鼠标左键取消选区

按同样的方法将画面右侧的路人也消除掉，在扩展选区时，将扩展量设置为15 像素。

我们会发现照片上还留有一些细微的不自然的污点，使用污点修复画笔工具进行处理。

5. 松开鼠标后，污点就被自动消除了

使用同样的方法消除其他残留的污点。

小咪老师，污点修复画笔工具好神奇啊，什么东西都能擦掉吗？

不是的，污点修复画笔工具在处理小的瑕疵时比较有效，较大的瑕疵就不好处理了。

第4步

增加照片对比度

添加一个亮度 / 对比度调整图层，调整照片的对比度。

1. 单击"调整"

2. 选择"亮度 / 对比度"选项

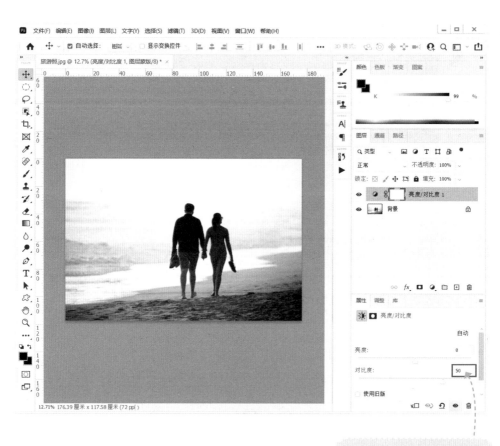

3. 将对比度调整为 50

调整照片色彩

添加一个色彩平衡图层。

1. 单击"调整"

2. 选择"色彩平衡"选项

3. 单击"色调"后的下拉菜单

4. 选择"高光"

高光是照片中较亮的区域，也就是天空。因为是傍晚，天空应该是偏红色的，所以增加高光的红色。

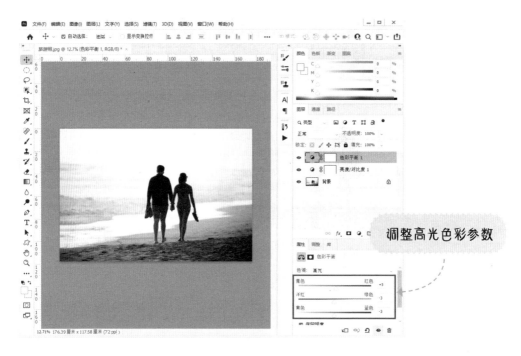

中间调是亮暗之间的区域，也就是海。海应该是偏蓝的，所以增加中间调的蓝色。

阴影是画面中较暗的区域，也就是沙滩。沙滩应该是偏黄的，所以增加阴影的黄色。

调整阴影色彩参数

至此，旅游照的美化就完成了，保存文件即可。对比美化前后的照片，美化后的照片更生动。

知识拓展

内容识别填充

在内容识别填充面板中可以调整取样区域、填充设置和输出设置。取样区域一般使用默认设置即可。填充设置又包含颜色适应、旋转适应、比例和镜像选项。例如设置较高的颜色适应可以让填充的图案和周围图案的颜色过渡得更自然。

污点修复画笔

污点修复画笔适用于处理画像上较小的瑕疵。

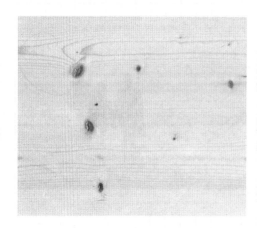
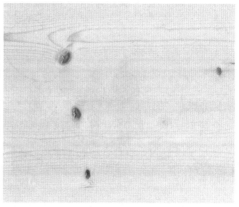

亮度 / 对比度调整

调整亮度可以使灰暗的图像明亮，使过亮的图像柔和。

调高对比度可以使图像清晰醒目。

色彩平衡调整

色彩平衡调整多用于校正图像中的色彩缺陷，可以分别调整高光、中间调和阴影，也可以用于调整色彩，让图像产生完全不一样的效果。

玥玥，你学会怎么美化旅游照了吗？

学会啦，谢谢小咪老师！

和爸爸妈妈一起，再找一张家庭照进行美化吧。

好的，小咪老师！

找一张有些瑕疵的家庭照，用 PS 将它美化吧。

成果评判

找出照片中存在的问题——需要加油啦
修补了照片中的瑕疵——还不错
调整了照片的对比度和色彩——就差一点点
调整后的照片色彩自然、生动清晰——非常棒

制作涂鸦小作品

小咪老师，我种的小番茄终于成熟啦。

玥玥真棒！一起来拍些照片吧，还能在照片上涂鸦。

涂鸦是什么？小咪老师你快教教我。

好啊，我来教你！

制作涂鸦小作品

- 做好准备
- 用PS打开照片
- 调整照片的色彩
- 画表情
- 添加文字

做好准备

　　PS 中有许多用于绘画的工具，常用的有铅笔工具等。一幅涂鸦小作品一般包括绘画和文字两部分。

●绘画部分：涂鸦有非常多的方式，比较简单的就是用线条给照片上的东西画上拟人的表情，例如微笑、哭泣、生气、撒娇等，让照片上的东西"动"起来。

●文字部分：涂鸦还可以给图片加上适合的文字。

用 PS 打开照片

用 PS 打开小番茄的照片。

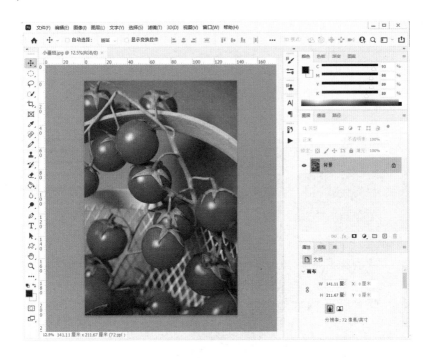

玥玥种的小番茄真好看，通过这次劳动，玥玥有什么收获呀？

通过自己的劳动最后收获成果的过程非常开心！

玥玥真棒！有劳动才会有收获，不能坐享其成。小朋友，你知道如果想向爸爸妈妈要零花钱应该做什么吗？

第3步

调整照片的色彩

由于照片上的色彩不够明亮鲜艳，因此使用曲线工具调整图层，让小番茄看上去更诱人。

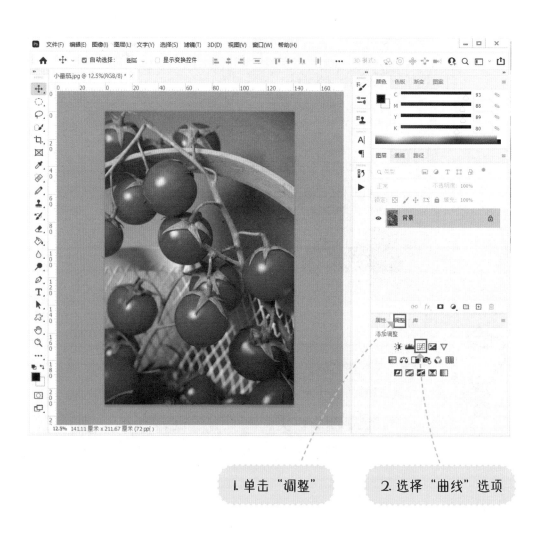

1. 单击"调整"

2. 选择"曲线"选项

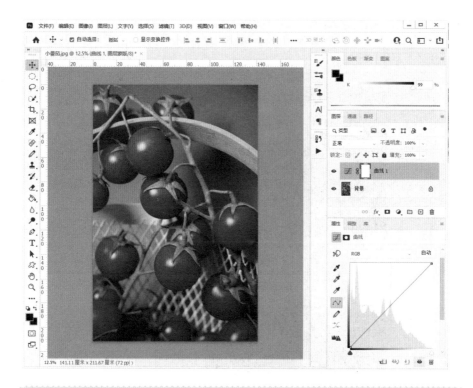

3. 单击曲线右上角，曲线上出现一个黑色的点，单击该黑点将其向上拖曳

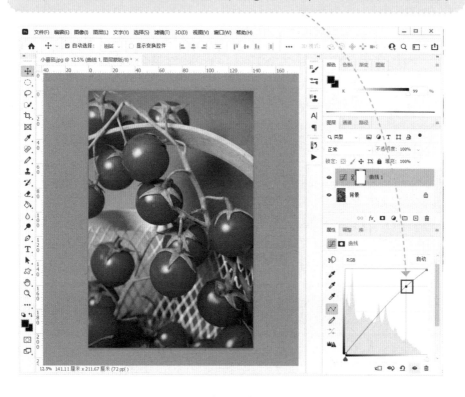

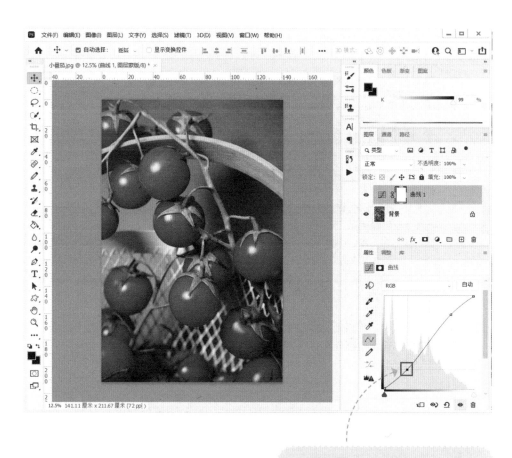

4. 单击曲线左下角，曲线上出现一个黑色的点，单击该黑点将其何下拖曳

画表情

为了不破坏小番茄的照片，新建一个图层，用铅笔工具在新建的图层上画表情。

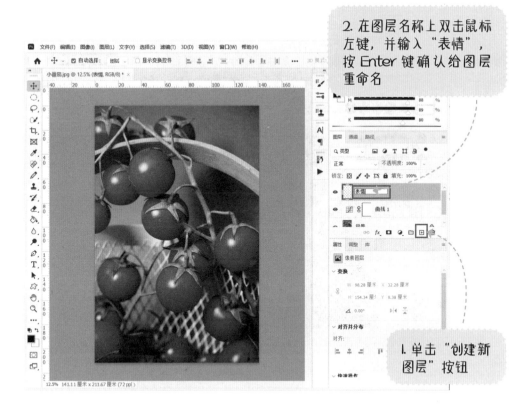

2. 在图层名称上双击鼠标左键，并输入"表情"，按 Enter 键确认给图层重命名

1. 单击"创建新图层"按钮

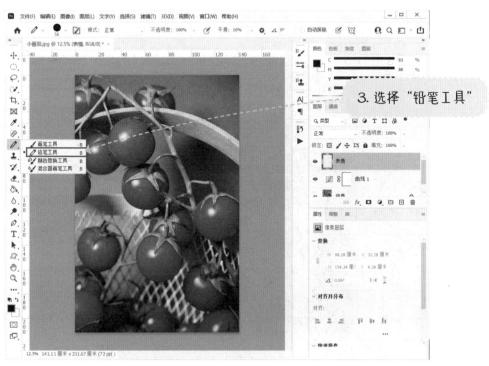

3. 选择"铅笔工具"

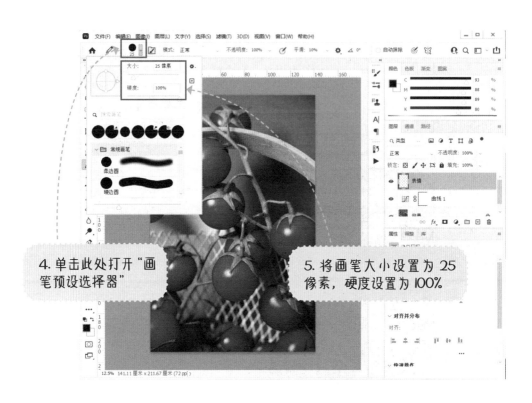

4. 单击此处打开"画笔预设选择器"

5. 将画笔大小设置为 25 像素, 硬度设置为 100%。

6. 按住鼠标左键, 通过拖曳给小番茄画一对眉毛

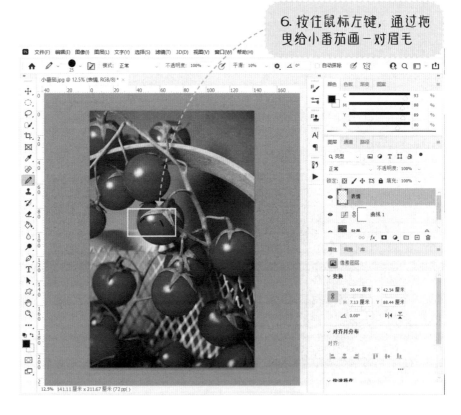

7. 将画笔大小改为100像素

 小咪老师,感觉鼠标不太好控制怎么办?

可以把画面放大或者使用数位板等外接设备进行绘图。

8. 单击鼠标左键,画出小番茄圆圆的眼睛

9. 用大小为 40 像素的铅
笔画出小番茄的嘴

10. 用橡皮擦工具擦除多余
的线条

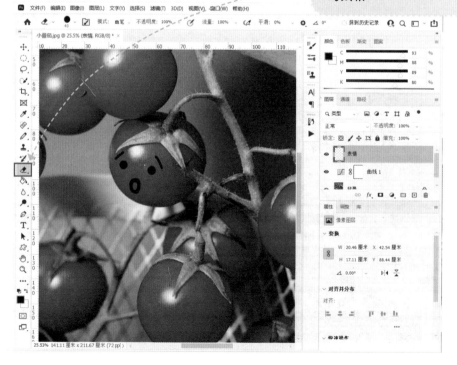

还可以借助绘画的对称选项快速画表情。

1. 单击"设置绘画的对称选项"按钮

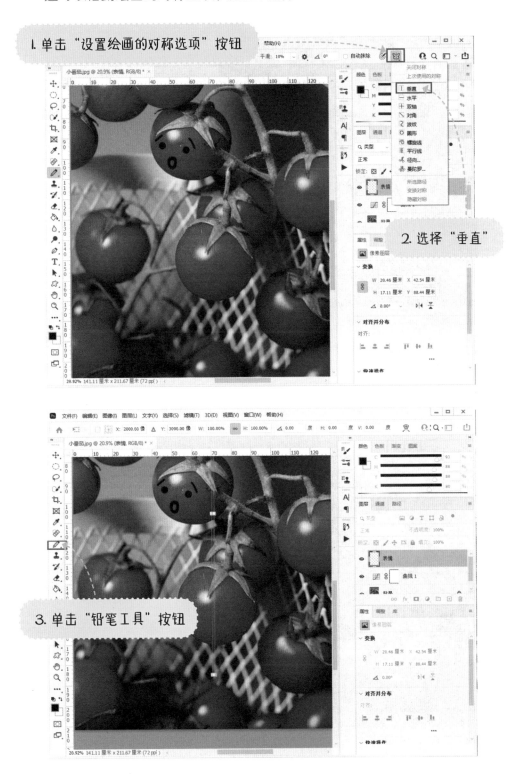

2. 选择"垂直"

3. 单击"铅笔工具"按钮

4. 在蓝线的一侧画出眼睛，另一侧就会自动生成对称的图案

5. 继续画出小番茄的眉毛和嘴巴

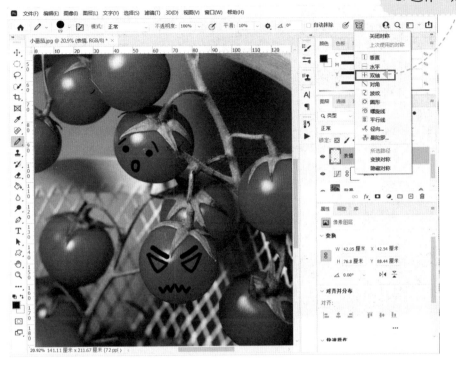

7. 拖动控制点调整蓝框的大小

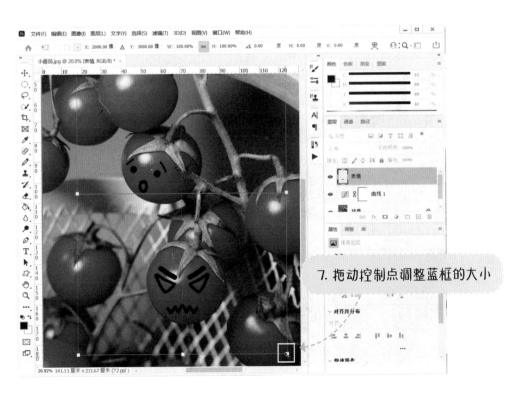

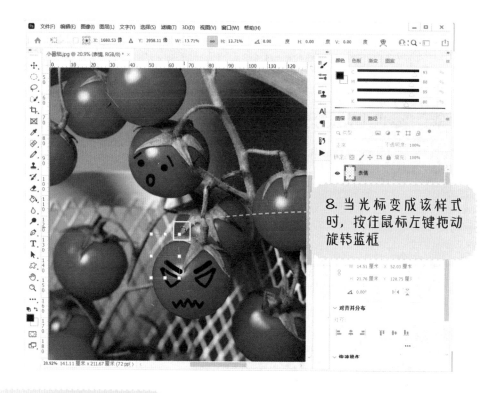

8. 当光标变成该样式时，按住鼠标左键拖动旋转蓝框

9. 单击"铅笔工具"按钮

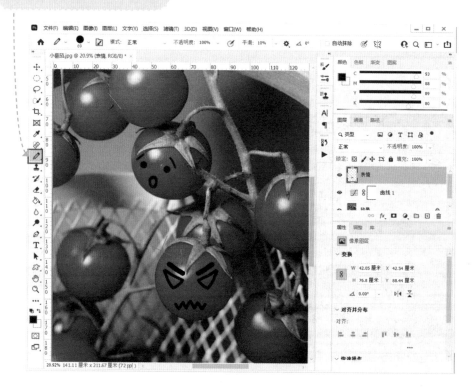

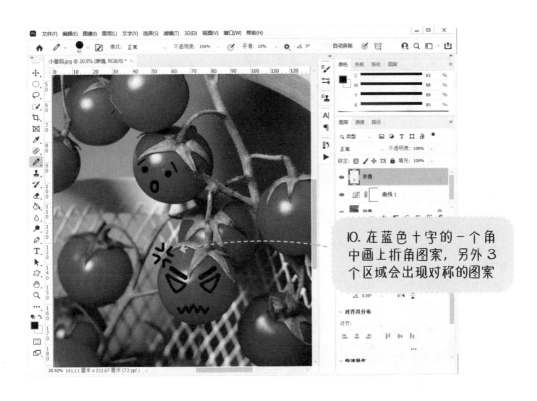

10. 在蓝色十字的一个角中画上折角图案，另外3个区域会出现对称的图案

11. 继续在其他小番茄上画出更多的表情

第5步

添加文字

给小番茄的照片添加文字。

使用文字工具输入"收获啦"，并添加黄色描边的图层效果

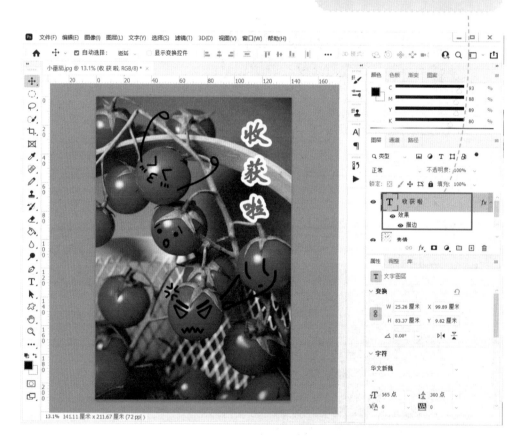

至此，涂鸦小作品就制作完成了，保存图片并分享给朋友，或者打印出来吧。

/// 知识拓展 ///

小咪老师，这次任务我们用到的功能还有别的用法吗？

当然有啦，我们可以整理一个知识拓展笔记。

曲线调整

曲线的右上角代表高光，左下角代表阴影，将曲线调整为 S 形可以增加图像的对比度，让图像的颜色饱和度更高。

绘画工具

绘画工具除了铅笔工具，还有画笔工具、钢笔工具等，每种工具有不同的使用情景，其中钢笔工具的使用方法比较复杂，但是用途非常广泛。

参数中的大小用于调整画笔的粗细，硬度用于调整画笔的透明度，降低硬度，画出来的线条就是模糊的。

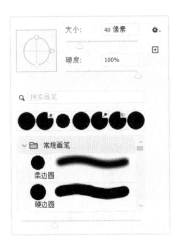

玥玥，你学会怎么制作涂鸦小作品了吗？

学会啦，谢谢小咪老师！

和爸爸妈妈一起再做一个吧。

好的，小咪老师！

找一张蔬菜的照片，用 PS 在上面涂鸦，让照片变得可爱吧。

成果评判

给蔬菜画上表情——需要加油啦

添加文字，并设置图层样式——还不错

用曲线调整图层调整照片色彩，使蔬菜的颜色饱和度更高——就差一点点

完成涂鸦小作品，并且画的表情可爱、美观——非常棒

图书在版编目（CIP）数据

儿童Office+Photoshop第一课. Photoshop篇 / 王晓芬, 李矛, 高博编著；草涂社绘. —— 北京：电子工业出版社, 2023.6

ISBN 978-7-121-45540-7

Ⅰ.①儿… Ⅱ.①王… ②李… ③高… ④草… Ⅲ.①办公自动化－应用软件－儿童读物②图像处理软件－儿童读物 Ⅳ.①TP317.1-49②TP391.413-49

中国国家版本馆CIP数据核字（2023）第078803号

责任编辑：邢泽霖

印　　刷：中国电影出版社印刷厂
装　　订：中国电影出版社印刷厂
出版发行：电子工业出版社
　　　　　北京市海淀区万寿路173信箱　邮编：100036
开　　本：889×1194　1/16　　印张：32.5　字数：526千字
版　　次：2023年6月第1版
印　　次：2023年6月第1次印刷
定　　价：198.00元（全4册）

凡所购买电子工业出版社图书有缺损问题，请向购买书店调换。若书店售缺，请与本社发行部联系，联系及邮购电话：（010）88254888，88258888。

质量投诉请发邮件至zlts@phei.com.cn，盗版侵权举报请发邮件至dbqq@phei.com.cn。

本书咨询联系方式：（010）88254161转1860，jimeng@phei.com.cn。